Bibliografische Information der Deutschen Nationalbibliothek:

Die Deutsche Bibliothek verzeichnet diese Publikation in der Deutschen Nationalbibliografie; detaillierte bibliografische Daten sind im Internet über http://dnb.d-nb.de/ abrufbar.

Impressum:

Druck und Bindung: Books on Demand GmbH, Norderstedt Germany
ISBN: 9783668680906

Dieses Buch bei GRIN:

https://www.grin.com/document/419365

Kristina Reinartz

Meereswirtschaft in den Entwicklungsländern

Kleinfischer im Schatten des kommerziellen Fischfangs

GRIN Verlag

Hauptseminar KG: Agrargeographie im globalen Süden

Wintersemester 2014/ 2015

Meereswirtschaft in den Entwicklungsländern

Kleinfischer im Schatten des kommerziellen Fischfangs

13. Januar 2015

Kristina Reinartz

5. Fachsemester Geographie (LA Gym)

Inhaltsverzeichnis

I. Abbildungsverzeichnis 2

1. Einführung 3

2. Fischkonsum – Allgemeine Fakten 3

3. Kleinfischerei 4

3.1 Bedeutung des Fisches für Entwicklungsländer 4
3.1.1 Fisch als Nahrungsmittel der Völker der Entwicklungsländer 5
3.1.2 Fisch als Einkommensquelle und Lebensgrundlage der Kleinfischer 5
3.1.3 Fischfang aufgrund fehlender Kenntnisse im Bereich der Tierzucht 6

4. Kommerzieller Fischfang zum Vergleich 6

4.1 Auswirkungen industriellen Fischfangs auf Kleinfischereien und arme Völker des globalen Südens 6
4.2 Folgen industriellen Fischfangs aus ökologischer Sicht 7
4.3 Kleinfischerei vs. Industrielle Fischerei 9

5. Westafrika – Kleinfischer Benins 9

6. Zukunftsaussichten und Lösungsmodelle 10

6.1 Aquakulturen – ein Lösungsansatz? 11

7. Fazit 12

8. Literaturverzeichnis 13

I Abbildungsverzeichnis

Abbildung 1: Fischkonsum in der Welt in KG pro Einwohner/Jahr..3

Quelle: GloboMeter (o.J.): Fischkonsum weltweit. URL: http://de.globometer.com/biodiversitaet-fischkonsum.php (3. Januar 2015).

Abbildung 2: Traditionelles Fischerboot – Piroge..4

Quelle: SCHLUMBERGER, U. (o.J.):Reisebericht Madagaskar. Mit der Piroge nach Bethania Village. URL: http://www.reisen-von-us.net/Madagaskar-Mit%20der%20Piroge%20nach%20Bethania%20Village.htm (6. Januar 2015).

Abbildung 3: Traditionelle Fangtechnik „senne de plage" an der Küste Westafrikas.............5

Quelle: VOGT, J., TEKA, O. & U. STURM (2010): Modern issues facing coastal management of fishery industry: A study oft he effects of globalisation in coastal Benin on the traditional fishery community. Ocean and coastal management 53. 428-438.

Abbildung 4: Kommerziell genutzter Trawler...6

Quelle: ABDULLAH, T. (o.J.): Fishing. URL: https://aliraqy88a90r.wordpress.com/photos/ships/fishing/ (9. Januar 2015).

Abbildung 5: Weltweiter Trend der Überfischung 1974-2011...8

Quelle: FAO (2014): The State of World Fisheries and Aquaculture. Opportunities and challenges. Rome.

Abbildung 6: Beifang Schildkröte...8

Quelle: OEDER, J. (o.J.): Unerwünschter Beifang: Trotz EU-Reform noch immer ein Skandal. URL: http://www.biggame4u.net/show.asp?id=5494&cat=1&language=de (10. Januar 2015).

Abbildung 7: Industrielle Fischerei und Kleinfischerei im Vergleich.......................................9

Quelle: Fair-fish (2014): Fish-facts 17: Fisch für alle ohne Industrie. Zürich.

Abbildung 8: Aquakultur und Fischfang...11

Quelle: FAO (2012): The State of World Fisheries and Aquaculture. Rome.

1. Einführung

Neben der Plantagenwirtschaft, dem Feldbau und der Viehzucht auf dem Land, kommt auch dem Fischfang im Zusammenhang mit der Ernährungsfrage und Existenzgrundlage südländischer Völker eine wichtige Bedeutung zu. Die Recherche nach gedruckter Literatur zum Thema dieser Arbeit stellte sich als besonders schwierig heraus, was Rückschlüsse auf eine fehlende Auseinandersetzung mit dem Thema Fischerei in den Entwicklungsländern in der Vergangenheit der Forschung erlaubt. Diese Arbeit bietet einen Einblick in die Problematik des Fischfangs im globalen Süden und stellt Zusammenhänge zwischen Kleinfischereibetrieben und kommerziell betriebenen Fischereien der Industriestaaten heraus. Um der Arbeit einen Rahmen zu geben, wurde die nachstehende Leitfrage entwickelt, die mittels eines Beispiels, nämlich Westafrika, genauer gesagt die Küsten Benins veranschaulicht und im Fazit geklärt wird: Inwiefern wirkt sich kommerzieller Fischfang auf die Lebensgrundlage von Kleinfischern aus und wie hängt dieser mit der Ernährungsfrage der Völker der Entwicklungsländer zusammen?

2. Fischkonsum – Allgemeine Fakten

Jährlich werden laut FAO (Food and Agriculture Organization of the United Nations) weltweit über 132 Millionen Tonnen Fisch konsumiert (GloboMeter o.J.). Für 2013 spricht INGE NOWAK in der Stuttgarter Zeitung sogar von bis zu 140 Millionen Tonnen Fisch pro Jahr. Die beistehende Karte zeigt den weltweiten Verbrauch von Fisch pro Kopf und Jahr in Kilogramm. Die aufgeführten Spannweiten von 10 Kg verdeutlichen den Fischkonsum der verschiedenen Länder etwas ungenau. So kommt ein Deutscher beispielweise auf etwas über 15 Kg Fisch pro Jahr (KREUZBERGER U. THURN 2013: 125), wohingegen ein einzelner Japaner etwa 50 Kg Fisch im Jahr verbraucht (NOWAK 2013). Greenfacts (2009) liefert in Anlehnung an die FAO den Hinweis, dass ungefähr 90% aller Fischprodukte aus den Ozeanen und Meeren stammen. Seitdem steigt das Wachstum im Bereich der Aquakulturen an und auch die Fangmengen aus Binnengewässern tragen ihren Teil zu weltweiten Fischereierzeugnissen bei (Greenfacts 2009). Für 2013 liefert die FAO (2015) eine unglaubliche Zahl von 160 Millionen Tonnen Fischproduktion weltweit. NOWAK (2013) stellt die Fischereination China eindeutig heraus, da sie mit mehr als 13 Millionen Tonnen gefangenem Fisch im Jahr 2010 weit über alle EU-Staaten zusammengerechnet hinausragt (ca. 5 Millionen Tonnen Fisch).

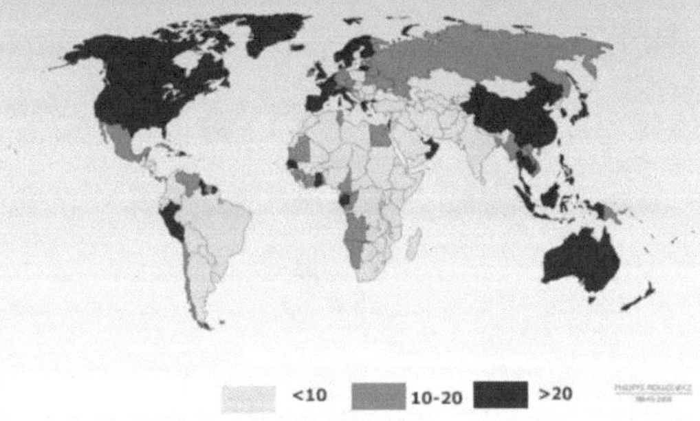

Abbildung 1: Fischkonsum in der Welt in Kg pro Einwohner/Jahr

3. Kleinfischerei

Wer an Fischerei denkt, hat oft große Fangflotten im Kopf, welche durch riesige Netze an Tonnen scheinbar unerschöpfliches Meeresgut gelangen. Dass Fische und deren Fang aber vor allem für Kleinfischer eine Lebensgrundlage bieten, bleibt oft unbedacht. Welche Bedeutung der Fisch für Kleinfischer und die restliche Bevölkerung im globalen Süden hat und warum der Beruf des Kleinfischers an südlichen Küsten zunehmend gefährdet ist, wird im Folgenden genauer erklärt. „Die sogenannte handwerkliche Fischerei zeichnet sich [...] dadurch aus, dass die Boote in Lokalbesitz sind und von den Eigentümern betrieben werden, und diese im Einklang mit dem ökologischen und sozialen Wohlbefinden arbeiten." (Slow Food 2011) Die hier vom Verein „Slow Food" angedeuteten ökologischen Vorteile, die die Kleinfischer dem industriellen Fischfang voraus haben, werden im vierten Kapitel kontrovers herausgearbeitet. Trotz gewisser Merkmale, gibt es keine allgemeingültige Definition für „Kleinfischer". Grenzen zur industriellen Fischerei sind fließend, Arbeitsbedingungen und Methoden zu vielseitig (HELMS 2012). HELMS (2012) erklärt, dass Kleinfischer auf Fanggründe in unmittelbarer Nähe angewiesen sind. Dadurch seien diese im Umgang mit der Ressource Fisch vorsichtiger und achten auf selektivere Fangmethoden. Durch den Einsatz der Industriefangflotten jedoch, bleibt den handwerklichen Fischern oft keine Alternative als ebenfalls auf kleinere ökologisch fragwürdige Trawler umzusteigen. Traditionelle Fischerboote, wie in Abbildung 2, nämlich Pirogen sind dennoch oft Kennzeichen für Kleinfischer der Südseeküsten. Fair-fish (2014) liefert auf der Grundlage einer Masterarbeit von Susanne Furler für die Kleinfischerei den Begriff der artisanalen Fischerei. Es werden Kriterien der FAO von 2004 zitiert, welche die artisanale Fischerei genauer definieren sollen: -Traditionelle Fischereien, -beteiligt sind Haushalte, -geringer Kapitalbedarf, -geringer Energiebedarf, - kleine Boote, -kurze Fangfahrten, küstennah, -vorwiegend zum lokalen Konsum. Vor diesem Hintergrund stellt Fair-fish (2014) klar, dass diese Definition von Land zu Land variiert und die Grenzen zur industriellen Fischerei unklar bleiben.

Abbildung 2: Traditionelles Fischerboot – Piroge

3.1 Bedeutung des Fisches für Entwicklungsländer

Der Fisch und die handwerkliche Fischerei bedeutet für den globalen Süden nicht nur die Lebensgrundlage für Kleinfischer, sondern er hat auch besondere Werte für Küstenbewohner und letztlich ganze Länder des Südens und seine Bewohner. Was er im einzelnen für die jeweils angesprochenen Gruppen bedeutet, machen die folgenden Unterkapitel deutlich.

3.1.1 Fisch als Nahrungsmittel der Völker der Entwicklungsländer

Fisch „[...] enthält nicht nur gesundes Eiweiß, sondern auch viele Nährstoffe, die in dieser Menge und Vielfalt weder in Getreide noch in anderen Pflanzen oder Fleisch vorkommen." (maribus 2013) Wichtige Inhaltsstoffe sind u.a. das fettarme Muskelfleisch mit bis zu 20% Eiweiß, ungesättigte Fettsäuren, Iod, Selen, was z.B. Krebs vorbeugen soll, Taurin, welches vor allem für Gehirn – und Augenentwicklung bedeutsam ist, Vitamin D, welches nur im Fisch in größeren Mengen zu finden ist, andere Vitamine (B6 und B12), und vor allem sämtliche wichtige Aminosäuren, die beim Stoffwechsel eine große Rolle spielen (maribus 2013). Der ansteigende Fischverbrauch in den Industrienationen kann aufgrund des genügenden Fleischkonsums folglich als Statussymbol betrachtet werden. Der Fisch ist durch seine enthaltenen Proteine, Aminosäuren und Vitamine in den Entwicklungsländern hingegen ein Grundnahrungsmittel und deckt sogar laut MARÍ (2012) für 2,6 Milliarden Menschen mindestens 20 Prozent des Bedarfs an tierischen Proteinen. Nicht selten bietet Fisch für Küstenbewohner Afrikas die einzige Eiweißquelle (MARÍ 2012). Da in den Entwicklungsländern die Infrastruktur fehlt, um den Fisch tiefgekühlt von den Küsten wegzutransportieren, ist Fisch im Landesinneren oft - und wenn überhaupt nur an großen Seen – nicht zu finden (maribus 2013).

3.1.2 Fisch als Einkommensquelle und Lebensgrundlage der Kleinfischer

Anders als Kleinfischer des Nordens, bleiben den Fischern der Entwicklungsländer wirtschaftsbedingt oft keine Alternativen als in die traditionellen Fußstapfen ihrer Vorfahren zu treten. Würde man von den Einflüssen der industriellen Fischerei absehen, wäre dies kein Problem, da sich hinter dem Beruf des Kleinfischers viele weitere Arbeitsplätze z.B. im Bereich der Weiterverarbeitung und des Fischhandels bilden. So hängen viele Arbeitsplätze und somit Lebensgrundlagen anderer Küstenbewohner von der Kleinfischerei ab. Wie der Name bereits verrät, wird bei der handwerklichen Fischerei überwiegend mit Menschenkraft gearbeitet, sodass sich generell mehr Arbeitsplätze für Kleinfischer ergeben als bei der industriellen Fischerei. Fair-fish (2014) bietet in diesem Zusammenhang einen Vergleich der Beschäftigten zwischen industriellem Fischfang und handwerklicher Fischerei. So kommen 24 Kleinfischer auf einen Beschäftigten auf einem kommerziell genutzten Trawler. Dass für die Arbeit der handwerklichen Fischerskunst viele Menschen zusammenarbeiten müssen, kann man auf der Abbildung 3 deutlich erkennen. In der Regel stehen hinter diesen Kleinfischern außerdem ganze Familien, die ebenfalls im Fischereisektor tätig sind, um den Lebensunterhalt der Familie zu sichern.

Abbildung 3: Traditionelle Fangtechnik „senne de plage" an der Küste Westafrikas

3.1.3 Fischfang aufgrund fehlender Kenntnisse im Bereich der Tierzucht

„Um Menschen mit [den nötigen Nährstoffen] zu versorgen, hätte in der Vergangenheit mehr Geld in kommerzielle Tierhaltung gesteckt werden müssen [...]. Die Folge ist, dass billiges Fleisch aus Industrie- und Schwellenländern heute viele afrikanischen Kleinbauern aus dem Markt drängt.“ (MARÍ 2012) Kleinbauern, welche nur selten auf den Rückhalt ihrer nationalen Regierungen hoffen können, welche an der Armutsgrenze leben und welche zunehmend negativen menschlichen Einflüssen ausgesetzt sind (Landgrabbing, Bürgerkriege, Bevölkerungszuwachs, Raub, etc.), könnten außerdem den Bedarf an Nährstoffen, den der Fisch normalerweise für die eigene Bevölkerung mit sich bringt, nicht decken (MENSE 2001).

4. Kommerzieller Fischfang zum Vergleich

Überfischung ist ein Thema, welches sich schon seit mehreren Jahren durch die Medien bewegt. Leider kommt dabei ein wenig die Auseinandersetzung mit den Folgen des industriellen Fischfangs auf die traditionellen Kleinfischer der Entwicklungsländer zu kurz. Es braucht keine Belege, um zu beweisen, dass die Nachfrage in den Industrieländern nach Fisch zu explodieren scheint. In Städten, in denen man vor ein paar Jahren mit dem Begriff „Sushi“ noch nichts anfangen konnte, finden sich heute an jeder Ecke entsprechende „Restaurants“. Keine Seltenheit sind Angebote asiatischer Restaurants, bei denen man sich an Theken mit verschiedensten Meeresgütern für kaum mehr als 15 Euro den Bauch vollschlagen kann. Mittlerweile sind „die Fangflotten der Industrieländer [...] gezwungen, weite Reisen zu unternehmen, um die enorme Nachfrage der Bevölkerung zu bedienen.“ (Greenpeace o.J. a) Welche Folgen diese „Reisen“ mit sich bringen und welche Vorteile die handwerkliche Fischerei gegenüber der industriellen Fischerei hat, macht dieses Kapitel deutlich.

4.1 Auswirkungen industriellen Fischfangs auf Kleinfischereien und arme Völker des globalen Südens

Dem wirtschaftlichen Wandel unterliegt auch die Nachfrage nach Fisch und somit steigt auch die Intensität an kapitalistischen Fangtechniken der industriellen Fangflotten. Aufgrund der oben genannten „Reisen“ kommt es vor allem an den Küsten der Entwicklungsländer zu Konkurrenzkämpfen zwischen industrieller Fischerei und handwerklichen Fischern. Die schwimmenden „Fabriken“ wie in Abb. 4 fangen bereits auf offener See über Wochen enorme Mengen an Meeresgut ab, welches sonst die Netze der

Abbildung 4: Kommerziell genutzter Trawler

Kleinfischer täglich hätte füllen können. So bleiben diese zunehmend leer und die Existenz der Kleinfischer wird gefährdet (HAINZL o.J.). ERBRICH (2012) macht bei Greenpeace deutlich, dass Fabrikschiffe rund 300 Tonnen Fisch fangen und verarbeiten können. Für diese Arbeit benötigte die Handwerksfischerei mit 30 bis 40 Fischerbooten bis zu ein Jahr. 1982 traf die UNO ein Seerechtsübereinkommen, welches den „ausschließlichen Anspruch auf die Nutzung der Meeresressourcen innerhalb der Zone ihrer exklusiven wirtschaftlichen Nutzung den Küstenstaaten zuschrieb." (Fair-fish 2014: 7) Da diese sich über 200 nautische Meilen erstreckt, entwickelte die Industrielle Fischerei Fangmethoden, die auf offener See zu ertragreichen Fangmengen führten. Des Weiteren verschafften sich die aus dem Norden stammenden Industrieflotten Zugang zu den südlichen Küsten, indem sie Fischereiabkommen mit den Entwicklungsländern trafen, die finanziell gesehen kein großes Hindernis für diese darstellten (Fair-fish 2014). Auch wegen der zunehmenden Urbanisierung, Industrialisierung und Zuwanderung an den Küstenregionen, erfahren die Kleinfischer eine große Beeinträchtigung zum Zugang zu den Küstengewässern. Folge sind ihrerseits intensivere und weniger nachhaltige Fangmethoden (O'RIORDAN 2011). Fair-fish (2014) erklärt, dass es so trotz Verbot in weniger kontrollierten Küstenregionen sogar zu Fangmethoden mit Dynamit oder Gift kommt. Eine weitere Folge ist die Landflucht. „Dabei entfällt traditionelle Subsistenzwirtschaft als Lebensgrundlage ganzer Familien – und muss durch Erwerbsarbeit ersetzt werden, die oft nur für den Erhalt einer einzelnen Person reicht." (HAINZL o.J.) Viele Kleinfischer ziehen so mit ihren großen Familien in Großstädte, welche immer mehr aus allen Nähten platzen. HAINZL (o.J.) bringt diesbezüglich das Beispiel der Hauptstadt Nigerias – Lagos – welche täglich um 6000 Einwohner wächst. Es kommt zu schnell wachsenden „Suburbs" mit fehlender Infrastruktur und Arbeit, in denen Kriminalität, Drogenmissbrauch und Prostitution keine Seltenheit sind (HAINZL o.J.).
Die Bedeutung des Fisches für die Bevölkerung der ärmeren Küstenregionen in Hinsicht auf die Ernährungsfrage wurde bereits angesprochen. So bot Fisch z.B. für Küstenbewohner Westafrikas die Haupteiweißquelle. Die ansteigende Nachfrage nach Fisch bedeutet allerdings auch steigende Weltmarktpreise, sodass sich gerade diese Völker keinen gesunden Fisch mehr leisten können. Die eigentliche Lebensgrundlage und Nahrungsquelle der Völker der Entwicklungsländer ist somit zu einem Luxusprodukt der industriellen Gesellschaft geworden. Das Problem der ungleichen Verteilung und der hungernden Bevölkerung südlicher Länder wird folglich immer größer (MARÍ 2012).

4.2 Folgen industriellen Fischfangs aus ökologischer Sicht

Bekannter als die Zusammenhänge der industriellen Fischerei mit traditionellen Fischern der südländischen Küsten ist das Problem der Überfischung. Das Bundesministerium für Ernährung, Landwirtschaft und Verbraucherschutz (o.J.) liefert Definitionen für zwei verschiedene Arten der Überfischung: Die Wachstums-Überfischung und die Rekrutierungs-Überfischung. „Bei der Wachstums-Überfischung werden die Tiere eines Bestandes im Schnitt bei einer Größe gefangen, die kleiner ist als die Größe, bei der die Fischerei den maximalen nachhaltigen Ertrag eines Jahrganges abfischen könnte. Die Tiere werden also zu früh in ihrem Lebenszyklus gefangen. Würde ihnen etwas mehr Zeit zum Wachsen gegeben, so wäre der Ertrag zu einem späteren Zeitpunkt größer." (Bundesministerium für Ernährung, Landwirtschaft und Verbraucherschutz o.J.) Die Rekrutierungs-Überfischung, welche i.d.R. beim Gebrauch des Terminus „Überfischung" gemeint ist, hingegen bedeutet, dass der Elterntierbestand so stark befischt wird, dass der durch Fischerei erzeugte Verlust an mariner Biomasse nicht durch natürliche Fortpflanzung aufgehoben werden kann. In diesen Fällen kann es zur Ausrottung ganzer Arten kommen (Bundesministerium für Ernährung, Landwirtschaft und Verbraucherschutz o.J.). Abbildung 5, eine Grafik der FAO, zeigt die globalen Trends der weltweit verfügbaren Fischbestände von 1974 bis 2011. Fair-fish (2014) erklärt, dass die FAO in solchen Auswertungen lediglich wirtschaftlich interessante Fischarten berücksichtigt. Dies macht zwar 80 Prozent aller weltweiten Fänge aus aber nur ca. 20 Prozent aller weltweit verbreiteten Fischbestände. Wissenschaftler, die alle Arten berücksichtigten, gingen so für 2008 von 58 Prozent Überfischung aus, wohingegen die FAO eine Zahl von nur ungefähr 32 Prozent lieferte (Fair-fish 2014). So oder so sieht man, dass der Anteil der biologisch untragbaren Höhen zunehmend gewachsen ist und folglich immer mehr Arten von der Überfischung bedroht sind. Der Verbraucher kann die Auswirkungen der Überfischung auf dem eigenen Teller und in seinem Geldbeutel spüren. Wer sich aktiv gegen die Überfischung einsetzen möchte, kann sich darüber informieren, welche Fischbestände bereits bedroht sind und nicht gekauft werden sollten. Greenpeace bietet für Androidnutzer einen kostenlosen Fischratgeber in Form einer App. In dieser erfährt man genau mit welcher Fangtechnik spezifische Arten befischt werden und weitere Hintergrundinformationen. Ein weiteres Problem, welches industrielle Fangflotten aus ökologischer Sicht mit sich bringen, ist der Beifang. Dies meint all das marine Gut, welches beim Fischen ungewollt in die Netze der schwimmenden Fabriken gelangt. Dieser aus wirtschaftlicher

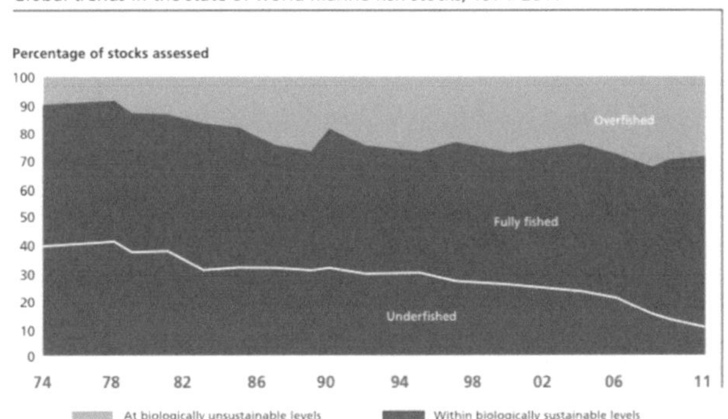

Abbildung 5: Weltweiter Trend der Überfischung 1974-2011

Abbildung 6: Beifang Schildkröte

Perspektive unbrauchbarer Fang wird dann tot oder sterbend wieder über Bord zurück ins Meer geworfen. Nicht nur der Fang der ungewünschten Fischarten ist ein Problem, sondern auch das Fangen von Jungfischen der Zielarten, die sich aber noch nicht vermehren konnten und für die Weiterverarbeitung oft noch unbrauchbar sind. Zudem gelangen auch Säugetiere, Vögel und Schildkröten (s. Abb. 6) in die Netze, die qualvolle Tode erleiden müssen (Fair-fish 2014). Greenpeace (o.J.b) spricht von 30 Millionen Tonnen jährlich. Die Fangtechnik mit Grundschleppnetzen, die den Meeresboden buchstäblich abschürfen, nimmt sogar bis zu 80 Prozent Beifang in Kauf. Viele weitere ökologisch fragwürdige Aspekte bringen die verschiedenen Fangtechniken der industriellen Fischerei mit sich. So zerstören Grundschleppnetze z.B. ganze Korallenriffe. Die Aufzählung jeder einzelnen Fangtechnik samt ihrer Folgen würde den Rahmen dieser Arbeit sprengen.

4.3 Kleinfischerei vs. Industrielle Fischerei

Fair-fish (2014) macht die Vorteile der Kleinfischerei gegenüber der kommerziell betriebenen Fischerei deutlich. Generell erzeugen die Kleinfischer der Entwicklungsländer in etwa genauso viel für den menschlichen Verzehr wie die industrielle Fischerei. Im Gegensatz zu den industriellen Fangflotten benötigen Kleinfischer jedoch über 5-mal weniger Energie für schädliche Treibstoffe. Leider werden jene der industriellen Fischerei um ein vielfaches höher subventioniert (Fair-fish 2014). Dass die Kleinfischerei mehr Arbeitsplätze mit sich bringt, wurde bereits erklärt. Das Problem des Beifangs steht aufgrund selektiver Fangmethoden in der Kleinfischerei kaum zur Debatte. Abbildung 7 stellt industrielle Fischerei und Kleinfischerei gegenüber.

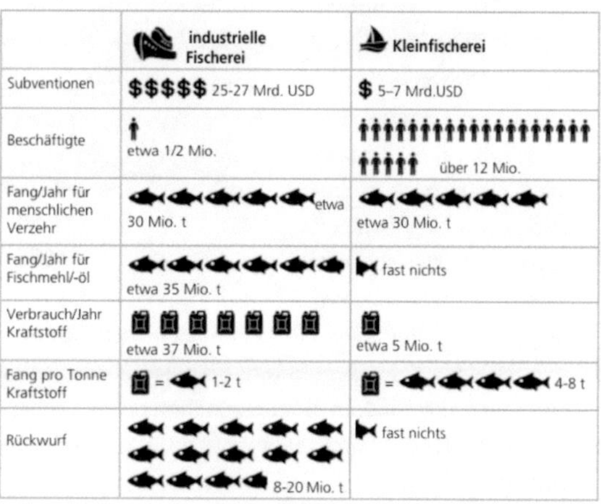

	industrielle Fischerei	Kleinfischerei
Subventionen	$$$$ 25-27 Mrd. USD	$ 5–7 Mrd.USD
Beschäftigte	etwa 1/2 Mio.	über 12 Mio.
Fang/Jahr für menschlichen Verzehr	etwa 30 Mio. t	etwa 30 Mio. t
Fang/Jahr für Fischmehl/-öl	etwa 35 Mio. t	fast nichts
Verbrauch/Jahr Kraftstoff	etwa 37 Mio. t	etwa 5 Mio. t
Fang pro Tonne Kraftstoff	= 1-2 t	= 4-8 t
Rückwurf	8-20 Mio. t	fast nichts

Abbildung 7: Industrielle Fischerei und Kleinfischerei im Vergleich

5. Westafrika – Kleinfischer Benins

Um die Situation der Fischer Westafrikas noch genauer unter die Lupe nehmen zu können, wird das Beispiel genauer eingegrenzt. Dazu dient uns die Küste Benins, deren Untersuchung VOGT, TEKA und STURM (2010) in ihrem Artikel „Modern issues facing coastal management of the fishery industry“ deutlich machen. Zu den traditionellen Kleinfischern zählen verschiedene ethnische Gruppen, die entweder ausschließlich vom Fischfang leben oder auch teilweise zusätzlich von Agrarwirtschaft. Wo früher das Fischen in Familien üblich war, setzen diese Gruppen heute Fangtechniken ein, bei denen bis zu 80 Personen tätig werden. Eine dieser Methoden ist die sogenannte „senne de plage“, die man in Abbildung 3 erkennen kann. Ungefähr 17 Prozent dieses Fanges stehen in der Regel dabei dem eigenen Verbrauch zur Verfügung. Befragte Fischer aber erklärten, dass heute oft der gesamte Fang verkauft werden muss, um davon leben zu können. Zu beachten ist, dass die Kleinfischer Benins u.a. aus religiösen Gründen nicht auf kurzfristigen wirtschaftlichen Gewinn abzielen sondern die Ressourcen gruppenorientiert im Sinne der Nachhaltigkeit nutzen wollen. Hinter den Kleinfischern stehen viele weitere Arbeitsplätze, wie die Vermarktung und Weiterverarbeitung, die meist von zugehörigen Frauen besetzt sind und handwerkliche Berufe wie etwa der des Bootsbauers. Die Kleinfischer und all die genannten zugehörigen Arbeitsplätze, sind akut durch die vor Ort herrschenden Industrieflotten gefährdet. Zu diesen zählen 18 Trawler, welche offiziell an den Fischerhäfen Benins gemeldet sind und von denen der erste bereits 1962 an der Küste Benins eingesetzt wurde. Ihre Mitarbeiter kommen zum Teil aus dem eigenen Land und sind für die Besitzer billige Kräfte. Diese hingegen kommen ausdrücklich nicht aus Benin, sondern stammen unter anderem aus Frankreich aber auch China. Eine chinesisch geführte Flotte namens „Kelly“ sticht besonders hervor, da sie weitaus aggressivere Methoden einsetzt als andere. Das Fischen an den Küstengewässern außerhalb der dort festgelegten 5-Seemeilen-Zone ist ihnen durch Verträge mit der ansässigen Fischereiabteilung erlaubt. Dennoch wurden bei der Untersuchung VOGTs und seiner Kollegen vor Ort auch immer wieder Trawler innerhalb dieser Zone gesichtet. Neben den registrierten Trawlern an den Häfen Benins, fangen zusätzlich noch andere Flotten in Beninischen Gewässern, welche z.B. eigentlich an den Häfen Ghanas oder Nigerias gemeldet sind. Nationale Fangbehörden bieten keine Gesamtzahlen für die in Benin gefangenen Mengen an Fisch. VOGT und Kollegen sind der Meinung, dass dies mit der Beeinflussung staatlicher Kontrollen einhergeht. Dennoch lassen eigenständige Untersuchungen vor Ort darauf zurückführen, dass die Kleinfischer Benins kaum eine Chance im Kampf gegen die Flotten der Industrieländer haben (VOGT ET. AL. 2010).

6. Zukunftsaussichten und Lösungsmodelle

Das Problem der Überfischung wurde schon vor einigen Jahren erkannt, sodass sich gefährdete Fischarten bereits erholen konnten. Dennoch bleibt das Problem in anderen Fällen bestehen und die weltweite Nachfrage nach Fisch erhöht sich weiter. Fischerei im Zusammenhang mit der Ausbeutung von Kleinfischern der Entwicklungsländer ist allerdings ein relativ spät erkanntes Problem, welches erst jetzt zunehmend Aufmerksamkeit im Internet erlangt. Bisher scheint diese Problematik auf Wissenschaft und Forschung begrenzt. Dabei liegt der Ursprung dessen – nämlich die immer weiter ansteigende Nachfrage in den Industriestaaten - auf der Hand. Um den Kleinfischern ihre Lebensgrundlage zu sichern, ist es daher von Nöten, jeden einzelnen Verbraucher über das Problem aufzuklären und im medialen Bereich tätig zu werden. Denn dort wo die

Nachfrage zurückgeht, sinken auch die Preise und der Fisch kann wieder als proteinreiche Quelle zur Verbesserung der Ernährungsfrage der Völker der Entwicklungsländer beitragen und auch den Kleinfischern vor Ort zu ihrer ursprünglichen Lebensgrundlage zurückverhelfen.

6.1 Aquakulturen – ein Lösungsansatz?

Statistiken der FAO (2012) zeigen, dass der Fischfang aus marinen Gewässern stagniert (s. Abb. 8). Dennoch steigt die allgemeine Fischproduktion, welcher der wachsenden Nachfrage nach Fisch dient. Dies geht einher mit Fischfang aus Binnengewässern aber auch vor allem mit dem Ertrag sogenannter Aquakulturen. Aquakulturen meinen nichts anderes als Zuchtfarmen für marine Lebewesen, welche zunehmend gefragt und in den Meeren zum Teil überfischt sind. Eigentlich ein guter Lösungsansatz der Überfischung vorzubeugen und um die Lebensgrundlage der Kleinfischer zu sichern, sollte man denken, doch nicht nur aus ökologischer Sicht sieht die Realität anders aus. Tierschützer kritisieren eine zu hohe Besatzdichte, genetische Manipulationen und mangelhafte Erforschung der Grundbedürfnisse der Tiere. Die nicht artgerechte zu intensive Haltung führt oft zu Krankheiten, welche mit teuren Medikamenten behandelt werden müssen. Die Albert Schweitzer Stiftung (o.J.) erklärt, dass die Fischzucht insbesondere in Asien und besonders in China von erheblicher Bedeutung ist. So gehen 60 Prozent der globalen Fischproduktion auf China zurück. Dies müsste bedeuten, dass die Kleinfischer der Entwicklungsländer durch die Zuchtmengen der Industrieländer zunehmend weniger Absätze haben dürften. Außerdem werden nun weiterhin große Fangflotten auf hoher See benötigt, um Fisch als Futtermittel für die in den Aquakulturen gehaltenen Raubfische zu fangen. Laut MARÍ (2012) ein moralisches Problem, da proteinreicher, für die Entwicklungsländer einst erschwinglicher Fisch zu Fischfutter für die Konsumgüter der industriellen Bevölkerung verarbeitet wird. „Fischfutter konkurriert [somit] mit Billigfisch für die Armen." (MARÍ 2012)

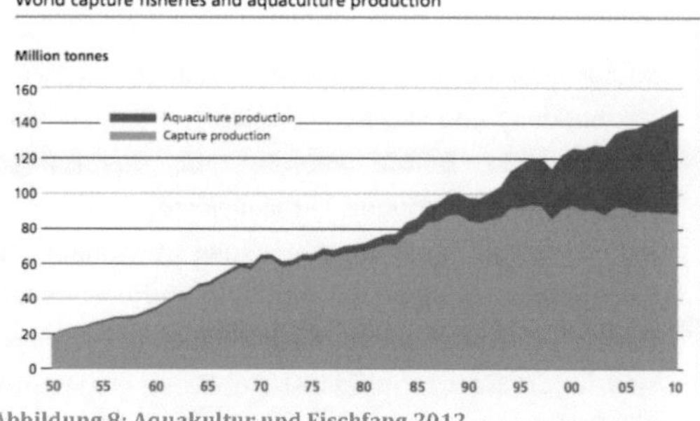

Abbildung 8: Aquakultur und Fischfang 2012

7. Fazit

Inwiefern wirkt sich kommerzieller Fischfang auf die Lebensgrundlage von Kleinfischern aus und wie hängt dieser mit der Ernährungsfrage der Völker der Entwicklungsländer zusammen? Diese Frage wurde zu Beginn dieser Arbeit gestellt und im Laufe der Arbeit beantwortet. Zusammengefasst gelangen die Kleinfischer immer schwieriger an Fisch, da die industriellen Fangflotten auf hoher See außerhalb der 200 Meilen-Zone alle Fischbestände monatelang vor den Küsten der Entwicklungsländer wegfischen. Doch auch durch für sie günstige Abkommen mit den Staaten der Entwicklungsländer ist es für sie erlaubt, selbst an diesen Küsten zu fischen. Der zuvor ertragreiche Fischerberuf an südländischen Küsten entwickelt sich zunehmend zu einem gefährlicheren und arbeitsintensiveren Beruf mit weniger Einkommen. Die steigende Nachfrage nach Fisch aus den Industriestaaten führt zu einem Ansteigen des Weltmarktpreises, sodass sich die Völker der Entwicklungsländer den für sie lebenswichtigen Fisch samt seiner Nährstoffe nicht mehr leisten können. Das Konsumverhalten jedes Einzelnen bestimmt folglich die Auswirkungen auf das Leiden der ärmsten Völker der Erde. Nicht nur aufgrund der Überfischung sollte daher beim Kauf des Fisches auf seine Herkunft geachtet werden. Fair-fish (2014) erklärt, dass „die Beschränkung auf Kleinfischerei bzw. die damit verbundene Reduktion der Fangmengen [...] wahrscheinlich eine der wichtigsten Massnahmen zugunsten der Meere und der Fischbestände [...][wäre].“ (Fair-fish 2014: 22) Dadurch wäre der Fischerberuf wieder den Küstenvölkern des Weltsüdens vorbehalten und die Lebensgrundlage von Kleinfischern gesichert.

8. Literaturverzeichnis

Albert Schweitzer Stiftung (o.J.): Fische in Aquakultur. URL: http://albert-schweitzer-stiftung.de/meerestiere/fische-aquakultur (11. Januar 2015).

Bundesministerium für Ernährung, Landwirtschaft und Verbraucherschutz (o.J.): Stichwort Überfischung. URL: http://www.portal-fischerei.de/fileadmin/redaktion/dokumente/fischerei/Bund/InfoUeberfischung.pdf (9. Januar 2014).

ERBRICH, M. (2012): Greenpeace gegen Überfischung unterwegs im Senegal. URL: http://www.greenpeace.de/themen/meere/fischerei/greenpeace-gegen-ueberfischung-unterwegs-im-senegal (9. Januar 2015).

Fair-fish (2014): Fish-facts 17: Fisch für alle ohne Industrie. Zürich.

FAO (2015): World fish trade to set new records. URL: http://www.fao.org/news/story/en/item/214442/icode/ (3. Januar 2015).

GloboMeter (o.J.): Fischkonsum weltweit. URL: http://de.globometer.com/biodiversitaet-fischkonsum.php (3. Januar 2015).

Greenfacts (2009): Fischerei. Aktuelle Daten. URL: http://www.greenfacts.org/de/fischerei/ (3. Januar 2015).

Greenpeace (o.J.a): Wie beenden wir die Plünderung der Ozeane? URL: http://www.umundu.de/dresden/festival/2014/programm/blau-ist-die-wueste (9. Januar 2015).

Greenpeace (o.J.b): Bald bleiben die Netze leer. URL: http://www.greenpeace.de/themen/meere/fischerei (10. Januar 2015).

HAINZL, M. (o.J.): Industrieller Fischfang und gesellschaftliche Veränderung. URL: http://www.nomadearth.com/2011/08/18/industrieller-fischfang-und-gesellschaftliche-veranderung/ (8. Januar 2015).

HELMS, A. (2012): Die Hüter der Meere. URL: http://www.greenpeace.org/austria/de/act-das-magazin/act-0412/die-hueter-der-meere/ (6. Januar 2015).

KREUZBERGER, S.& V. THURN (2013): Die Essensvernichter. Warum die Hälfte aller Lebensmittel im Müll landet und wer dafür verantwortlich ist. Bonn.

Maribus (2013): Von Fischen und Menschen. Das gute im Fisch. World ocean review (2): 38-41.

MARÍ, F. (2012): Das Drama der weltweiten Überfischung. URL: http://www.dandc.eu/de/article/die-weltweiten-fischbestaende-schrumpfen-schnell-kuestenbewohner-von-entwicklungslaendern (7. Januar 2015).

MENSE, U. (2001): Viehzucht und Nahrungsmittelsicherheit in Afrika jenseits industrieller Tierproduktion. Tierproduktion aus Sicht der Entwicklungsländer. URL: http://www.deutschlandfunk.de/viehzucht-und-nahrungsmittelsicherheit-in-afrika-jenseits.697.de.html?dram:article_id=72494 (7. Januar 2015).

NOWAK, I. (2013): Wachsender Fischkonsum. China ist bei der Fischzucht spitze. URL: http://www.stuttgarter-zeitung.de/inhalt.wachsender-fischkonsum-china-ist-bei-der-fischzucht-spitze.9de22979-815a-4ac4-a78b-d5b774ff61ff.html (3. Januar 2015).

O'RIORDAN, B. (2011): Die Kleinfischer bevorzugen. URL: http://emedhan.bib.uni-erlangen.de/han/101595/www.welt-sichten.org/artikel/766/die-kleinfischer-bevorzugen (9. Januar 2015).

SlowFood Deutschland e.V. (2011): Zur nachhaltigen Fischerei. URL: http://www.slowfood.de/w/files/presse2012/073_sfd_zur_nachhaltigen_fischerei.pdf (5. Januar 2015).

VOGT, J., TEKA, O. & U. STURM (2010): Modern issues facing coastal management of fishery industry: A study oft he effects of globalisation in coastal Benin on the traditional fishery community. Ocean and coastal management 53. 428-438.